米莱知识宇宙

构成万物的物理原理

米莱童书 著/绘

北京理工大学出版社
BEIJING INSTITUTE OF TECHNOLOGY PRESS

推荐序

每个孩子从出生起，就对世界充满了好奇，如果想要了解世界，物理学就不可或缺。物理学是我们认识世界的桥梁，它揭示了事物发生和发展的客观规律，更是许多科学的基础。但是物理的概念繁多，知识点之间的关联性很强，对于刚接触物理的孩子来说，有些复杂难懂。

如何将复杂的物理知识，生动有趣地展现给孩子，就显得十分重要了。《启航吧，知识号：构成万物的物理原理》就是专为孩子们打造的物理学科启蒙图书，以趣味漫画的形式将严肃的科学原理与生活中的有趣现象联系起来，比如，为什么汽车车轮有花纹是为了增加摩擦力，而汽车车轮轴又要加润滑油以减小摩擦力……

在这本书里，物理概念化身成一个个活泼可爱的主人公，为我们一点点展现奇妙的物理世界。大到宇宙天体、小到基本粒子，从日常生活到前沿科技，这本书将枯燥的理论，由浅入深、轻松有趣地表达出来，十分适合喜欢物理的孩子阅读。

希望这本物理启蒙漫画书能够让孩子们喜欢上物理，并帮助孩子们在知识的海洋中尽情遨游。

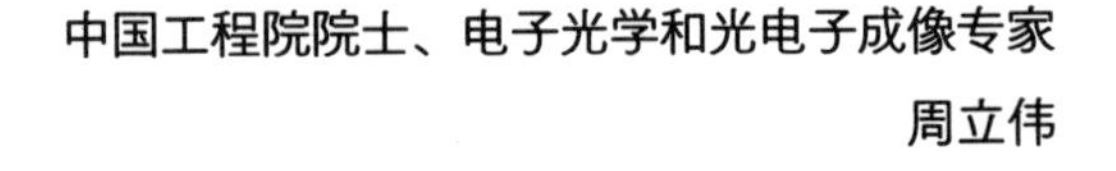
中国工程院院士、电子光学和光电子成像专家
周立伟

目录

物质

目录

能量

力

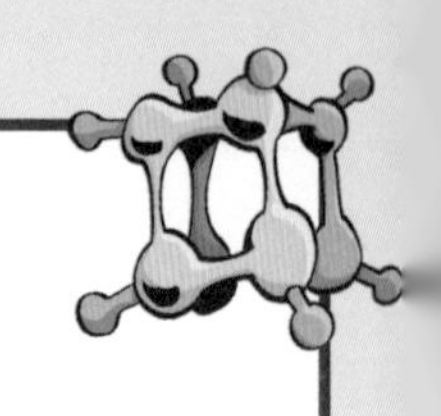

目录

流体力学

1

MATTER物质

无处不在的物质

我是大树。
我是瀑布。
我是云。
我们还有一个共同的名字，那就是……
我是石头。
物质！
我来啦！
嗨，我是物质。一切物体都是由我组成的。

你写作业用的纸和笔是物质，你喜欢吃的水果和零食是物质。

你看到的高楼大厦是物质，你乘坐的飞机、汽车、自行车等交通工具是物质，你看不见的空气也是物质。

还有你生活的地球，也是物质。当然了，太阳也是物质。
哈哈，就连你自己，还有你的爸爸妈妈，也都是物质呢。

物质是什么样子的?

各种各样的东西都是物质，我们该如何认识和描述它们呢?比如，物质是什么颜色的?
黄色。
红色。
紫色。
物质还有很多形状，比如，方形、三角形、圆形，还有长方形。
把它们依次摆开，你会发现它们占据空间的大小不同，也就是说这些物质的体积不同。
哇!
哇!

你在沙滩上玩，会看到扇形的贝壳、五角星形的海星、螺旋状的海螺，它们的颜色和形状有的相同，有的不同，大小也不一样。
你的玩具，也有着各自的颜色、形状和大小。而且它们有的软，有的硬；有的光滑，有的粗糙。这些都是物质的属性。
你也来描述一下身边的物质吧。

物质的质量有多有少

铁球比铁钉的质量大，就是因为铁球所含的物质比铁钉所含的物质多。
质量也是物质的属性。物体所含物质的多少，叫作质量。
什么，你问我怎么知道的？因为我有法宝啊。
再来看看其他物质，字典比作业本质量大，足球比乒乓球质量大。
当当，就是这些工具。
杆秤、天平、电子秤等都可以用来测量质量。
杆秤
电子秤
天平
质量的基本单位是千克（kg），1千克等于2斤。
老板，来2斤苹果。

我们把同一块面团，依次捏成方形、圆形、长方形，它的质量会不会发生变化呢？
通过测量，我们会发现，它的质量并没有变化。这是因为面团的形状虽然变了，但是所含物质的多少没变，因此面团的质量也不会改变。
足球放在地上时和被踢到空中时，所含物质的多少没变，质量还是一样的。
10
哪怕是冰块融化成了水，因为它所含的物质没变，所以它的质量也不会改变。物体的质量不随它的形状、状态和位置的改变而改变。

物质的密度有大有小

这是一个铁块和一个木块，它们体积相同，把它们放在天平两端，会发生什么呢？
咦？铁块沉下去了，这是为什么呢？
因为，铁块和木块虽然看起来一样大，但是铁块含有的物质却比木块含有的物质多，所以放置铁块的一端沉下去了。
就好比同样的一个书包，里面塞满书时要比只有一两本书时沉很多，这是因为密度变大了。密度是指单位体积内某种物质的质量。不同的物质有着不同的密度，相同体积下，密度越大，物体的质量越大。
2本

我们往水里滴几滴油，因为油比水的密度小，所以油会浮在水面上。
氦气比空气密度小，所以氦气球会飞上天空。

密度是物质的基本性质之一，酿酒时可以用密度来鉴定酒的品质。
密度还可以用来鉴定黄金的纯度。

生活中的金属物质

物质有很多种类，可以分成金属和非金属。说到金属，相信你一定不会陌生，金属物质有很多，金、银、铜、铁、铝、汞等都是金属。

金属是制造汽车、飞机等的主要材料。

金属还能制造乐器。

还有你衣服上的拉链、门把手等，也都是用金属制成的。

金属有一些共同的特性，比如，它们具有光泽，可以用来制作漂亮的饰品。

金属还具有延展性，可以压成薄片。

金属也可以拉成长长的细丝，做成电线，这是因为金属能导电。

金属还有良好的导热性，所以炒菜用的锅也是用金属制成的。

常见的非金属物质

非金属物质在生活中的应用也很常见。比如陶瓷材料耐高温，可以用来制作碗和盘子。

窗户是用玻璃制成的，玻璃具有很好的透光性。

塑料玩具和小板凳，比金属材料的要轻。
还有木制的长椅、橡胶制成的轮胎等，这些都是非金属。

非金属物质中还有很重要的一类，那就是气体。生活中常见的气体有氧气、氮气、氢气、氦气等。
氧气在自然界中分布很广，木材燃烧、废水处理、火箭升空、动物和人的呼吸等，都需要氧气。
啊呜啊呜，好吃！
氮气
薯片鼓鼓的包装袋里填充的是氮气，可使薯片不易被挤碎，同时还能保护薯片不被氧化变质。氮气还能够被制成化肥，帮助农作物茁壮生长。
化肥
化肥
化肥
化肥
化肥
化肥
化肥
化肥
化肥
化肥
还有一些气体是稀有气体，也称惰性气体。它们在通电时能发出不同颜色的光，用来制作霓虹灯。
电影

物质是由什么构成的？

说了这么多，我们已经知道一切物体都是由物质构成的，那么物质又是由什么构成的呢？

物质是由分子和原子构成的。比如我们呼吸的氧气，就是由氧分子构成的。
这个铁块是由铁原子构成的。水是由水分子构成的。

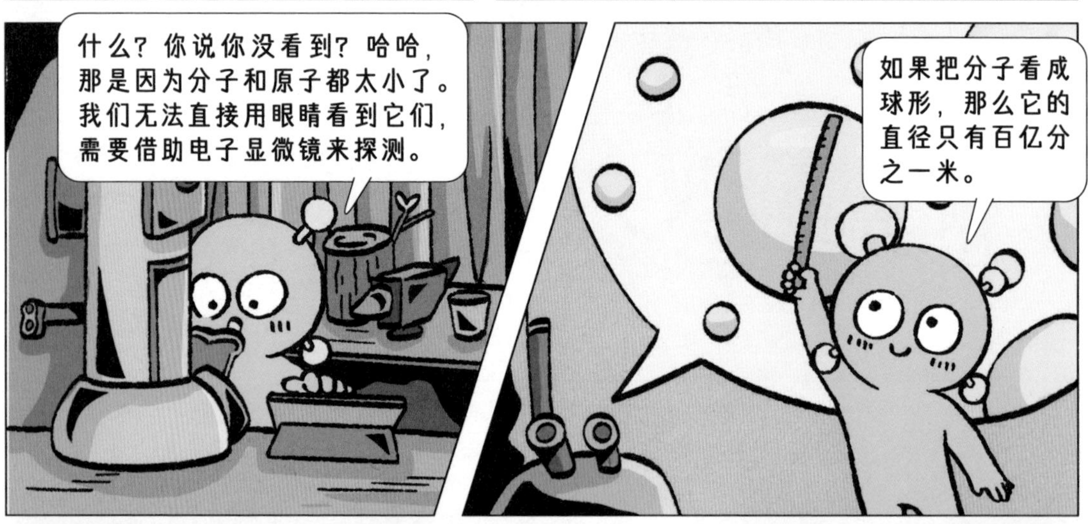
什么？你说你没看到？哈哈，那是因为分子和原子都太小了。我们无法直接用眼睛看到它们，需要借助电子显微镜来探测。
如果把分子看成球形，那么它的直径只有百亿分之一米。

它们到底有多小呢？
打个比方，如果拿一个分子和一个苹果的大小做比较，就相当于拿一个苹果和地球的大小做比较。

分子的数量非常庞大，小小的一滴水，里面的水分子却非常非常多，即使让10亿人昼夜不停地数，也要几万年才能数完。
16700000000000000000000
我就有一个问题，我什么时候才能下班？
即便如此，分子和分子之间竟然还能留有空隙！
比如，你在一杯清水里，倒入一勺盐、两勺盐、三勺盐……
你会发现，水的体积并没有增加，这是因为盐填充在了水分子的空隙中。
盐
就好比箱子里已经装满了苹果，但还是能往里面倒入许多绿豆一样。
不好意思，挤一挤。
说了这么多，分子和原子究竟长什么样子呢？
跟我一起去物质的微观世界看看吧。

分子和原子

欢迎来到微观世界。
还有平面三角形、三角锥形、六面体形等。还有的分子结构很复杂，就像一座房子。

我是水分子，由2个氢原子和1个氧原子组成，看起来像字母V。

我是氧分子，由两个氧原子组成，是直线形。

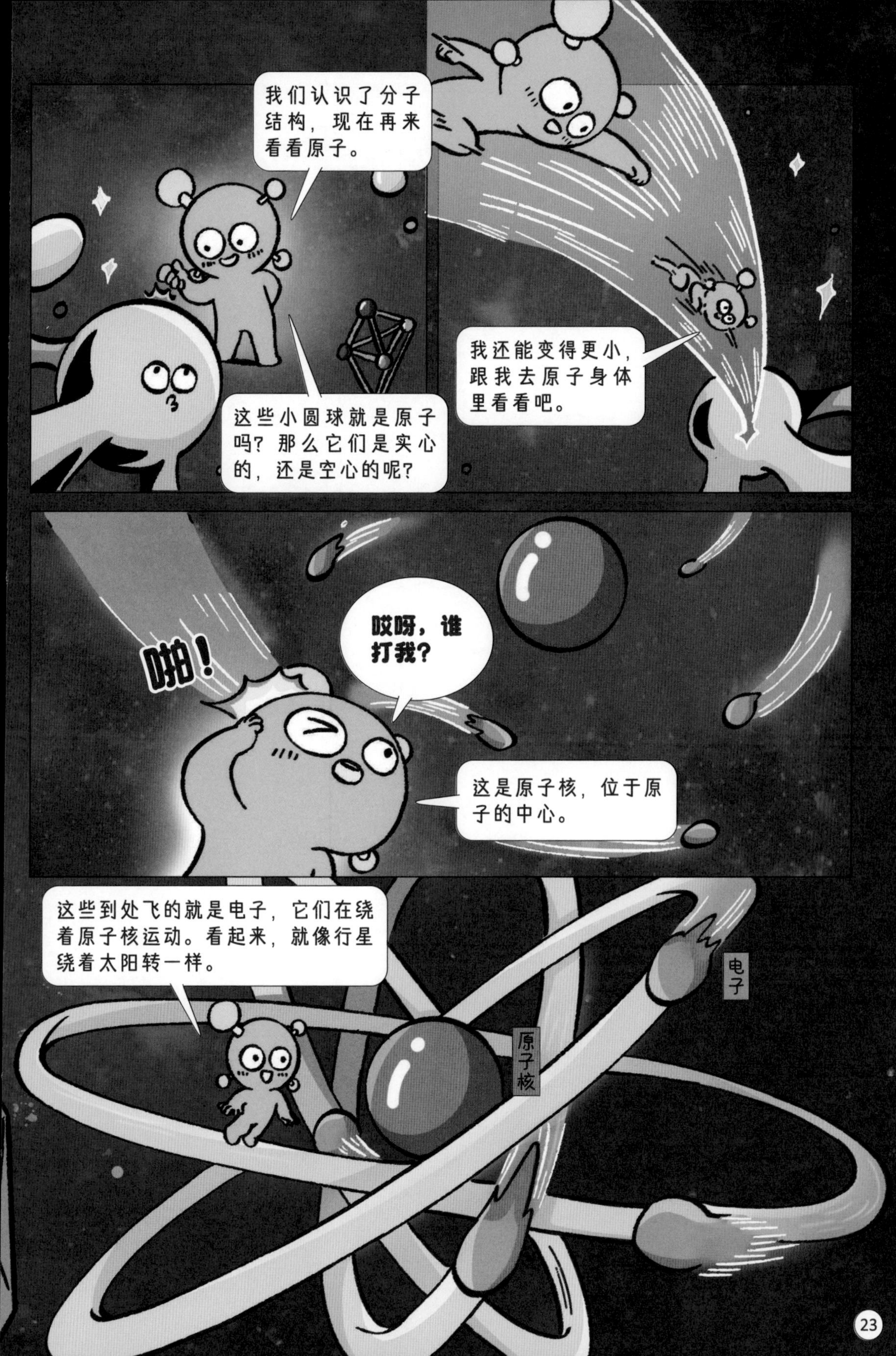
我们认识了分子结构，现在再来看看原子。
这些小圆球就是原子吗？那么它们是实心的，还是空心的呢？
我还能变得更小，跟我去原子身体里看看吧。
啪！
哎呀，谁打我？
这是原子核，位于原子的中心。
这些到处飞的就是电子，它们在绕着原子核运动。看起来，就像行星绕着太阳转一样。
电子
原子核

不过，科学家发现，电子并不像行星那样守规矩。实际上，电子在原子核外做高速运动。
它们的轨迹非常杂乱，毫无规律可循。你很难预测下一秒电子会在哪里。

如果将原子看作一个操场，原子核只有一只蚂蚁大小，剩下的空间都是电子的运动场所。
这才是自由的味道。

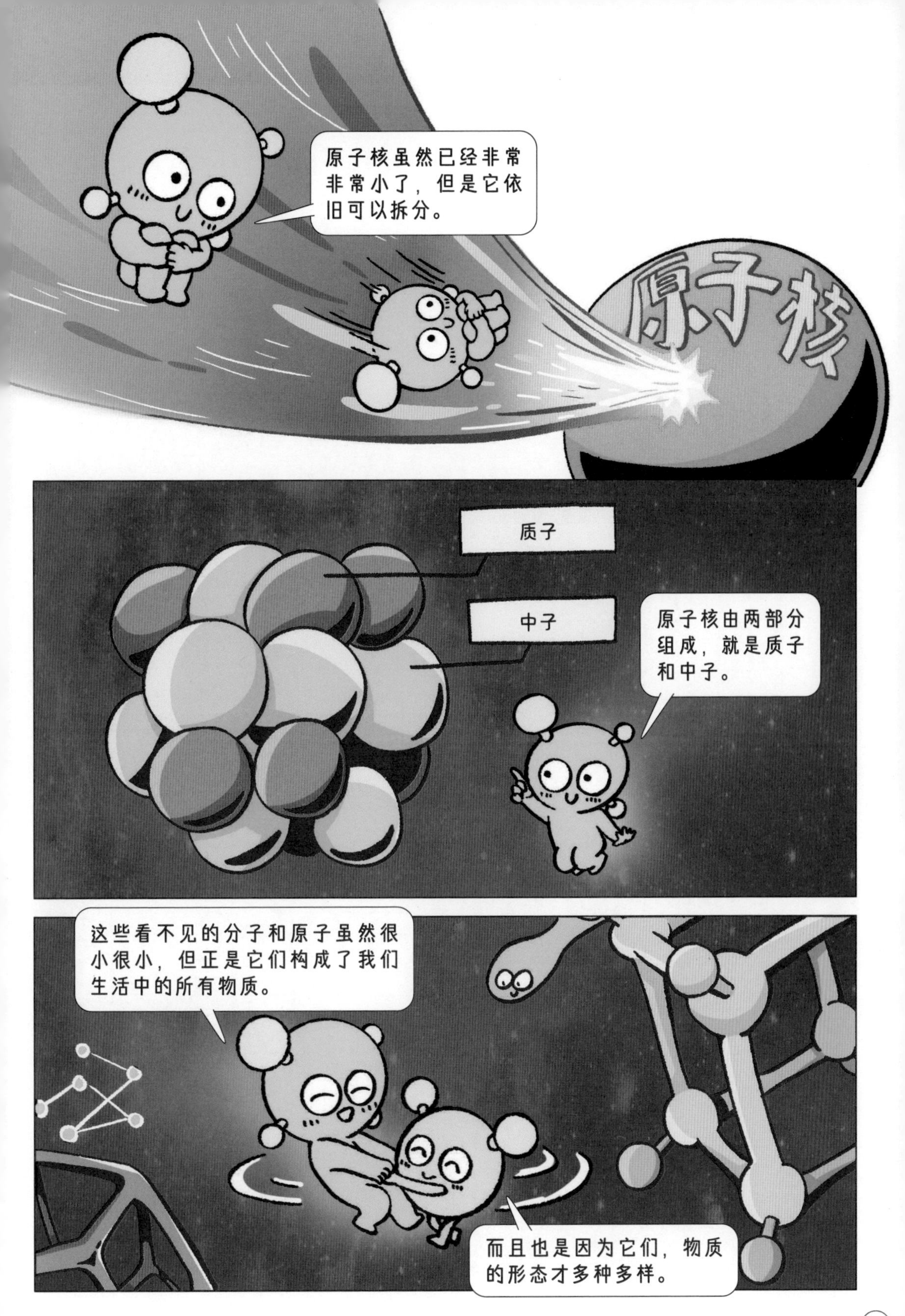
原子核虽然已经非常非常小了，但是它依旧可以拆分。
原子核
质子
中子
原子核由两部分组成，就是质子和中子。
这些看不见的分子和原子虽然很小很小，但正是它们构成了我们生活中的所有物质。
而且也是因为它们，物质的形态才多种多样。

物质的不同状态

牛奶
你发现了吗？我们生活中的物质，像金属、木头等，是固态；水、牛奶是液态；而空气则是气态。物质为什么会出现这三种状态呢？

这其实与分子的排列方式有关，让我们再回到微观世界去。

看，这个排得整整齐齐的队伍是固态分子小队，它们都是好朋友，喜欢聚在一起。
所以它们组成的固态物质具有固定的体积，也不易变形。

而液态分子则比固态分子要活泼一些，排列方式比较散乱。

因此，液态物质可以流动，改变形状。
这些是气态分子，它们崇尚自由，无拘无束，想去哪儿就去哪儿。
这片我占了，你去别处吧。
哼，谁稀罕，我的地盘更大。
所以气态物质没有固定形状，一会儿大一会儿小，一会儿扁一会儿圆，体积也很容易变化。
看，我会七十二变。

分子都喜欢运动

固态、液态和气态的分子虽然有着不同的排列方式，但是这些分子却有一个共同爱好，那就是运动。
根本停不下来！
花园里，到处都飘着花香，这是气态分子在运动。

往水里滴几滴红墨水，红墨水会慢慢散开，最后染红整个水杯，这是液态分子在运动。
煤炭放在墙角，几年后墙面也会被蹭上一层黑色，这是固态分子在运动。

这些现象被称为扩散，指的就是不同物质在互相接触时，彼此会进入对方的现象。

气体扩散的速度最快，液体次之，固体最慢。

把红墨水滴入热水中，扩散速度变快了，说明温度越高，分子运动得越快。
分子的运动跟温度有关，所以这种无规则运动叫作分子热运动。

熔化和凝固

气
遇冷
加热
加热
遇冷
固
液
遇冷
加热
物质会在固态、液态、气态三种状态之间来回变化。
炎热的夏天，你正一口一口吃着冰激凌，但是你还没吃完，冰激凌就化成了汤，流到手上黏糊糊的。
兄弟们，动起来，我们现在是液态分子了。
我的冰激凌！
像这样，物质从固态变成液态的过程，就叫熔化。
俗话说“下雪不冷化雪冷”，就是因为熔化吸热。
热量
热量
热量
热量
雪在熔化时会吸热，热是一种能量。周围的热量被吸走，温度变低，我们就感觉冷了。

说完了熔化，再来说说凝固，凝固也是很常见的现象。
比如，河水到了冬天会结冰。

奶昔放进冰箱会变成冰激凌。
好冷啊，我要抱抱。
物质由液态变为固态的过程，就是凝固。你发现了吗？凝固和熔化是正好相反的过程。

热量
热量
热量
热量
物质在凝固的过程中会放热。冬天农民伯伯用地窖储存蔬菜，会在旁边放一桶水。温度很低时，桶里的水会凝固成冰放出热量，使地窖温度升高，这样蔬菜就不会被冻坏了。

汽化和液化

物质也可以从液态变成气态。比如，洒在地面上的水，过一会儿就不见了。
熬汤时，锅里的水也会越来越少。这些水都去哪儿了？它们怎么消失了？
我要飞得更高。
其实，这些水并没有消失，而是变成水蒸气飞走了。像这样，物质从液态变成气态的过程叫作汽化。
汽化时会吸收热量。比如你游完泳上岸的时候，会有点冷。
这是因为你身上的水汽化，吸收了你的热量。

相反地，物质从气态变成液态的过程叫作液化。冬天从寒冷的户外回到家，眼镜镜片上会出现一层白雾。这层白雾就是水蒸气液化成的小水滴。
还有洗完澡后，浴室的镜子上会有一层水珠。

刚从冰箱里拿出的饮料，表面会湿湿答答的。
好凉爽，我要歇会儿。
这些都是液化现象。
小朋友一定要远离开水哟。
液化时会放热，如果不小心被100摄氏度的水蒸气烫到，烫伤程度会比被100摄氏度的开水烫到更严重。因为水蒸气碰到你的皮肤时会发生液化，放出热量，再一次烫伤你。

升华和凝华

说了这么多，是不是固态都要先变成液态，再变成气态呢？
当然不是，你要相信物质的神奇力量。物质也能从固态直接变成气态，这个过程叫作升华。
冬天洗完的衣服挂在外面，即使冻成冰块，时间长了，衣服依然会变干。这是因为冰直接变成水蒸气飞走了。

衣柜里用来防虫的樟脑丸，会变得越来越小，也是因为从固态直接变成了气态。

升华会吸热。在运送蛋糕时会在蛋糕盒里放一些干冰，因为干冰是固态的二氧化碳，极易升华吸热，这样盒子里的温度降低，蛋糕就不会化了。

而气态也可以直接变
成固态，这个过程叫
作凝华。
冬天，窗户上出
现冰霜。

树枝上会有一层
雾凇。
还有我们常见的雪，
这些都是水蒸气直
接变成的冰晶。

物质每天都在不断变化
世界上每天都在发生着物态变化。
太阳照在地面上，地面的水吸收热量，变成水蒸气飞上天。
水蒸气在高空遇冷，液化成小水滴，小水滴互相扎堆，聚在一起成了云。温度更低的时候，还会形成一部分小冰晶，混在水滴里。

如果温度足够低，
水蒸气就会直接
变成雪。
水滴越积越多，变
成大水滴，落到地
面，就下起了雨。
遇到较强的上升气流时，水
蒸气还会直接凝华成冰变成
冰雹，噼里啪啦地落到地上。
一年四季都在不
停变化，世界万
物可真奇妙！

生活中物质一直在帮助我们

后来，聪明的人们又利用物质的变化制造了更多工具。
比如发明冶炼技术，制造铁器，用来耕地、砍树。

烧制陶器，用来盛放水和食物。

发明造纸技术，记录文字和图画，等等。

对物质的探索永不停息

而在现代科学中，人们对物质的研究已经深入微观领域。
人们发明了高分子材料，比如塑料、橡胶、纤维等都是高分子材料。

它们可以用来制造玩具、轮胎、衣服等。

胶
胶
胶
橡胶
橡胶
橡胶
有的高分子材料强度非常高，耐热性非常好，可以应用于建筑、运输等领域。

你听说过纳米材料吗？纳米材料是指在长、宽、高三维尺寸中至少有一维处于纳米尺寸（1~100纳米）的材料，或由它们作为基本单元构成的材料。1纳米相当于一根头发丝直径的十万分之一那么细。
1纳米=1/100000
在衣服里添加纳米微粒，可以防静电、防水。
采用纳米涂层的家具更耐腐蚀。
未来，纳米粒子甚至可以进入人体血管中，帮助治疗疾病。
未来还会有更多新物质被发明创造出来。
我是物质，以后你们看到物质就要想起我哦，再见啦！

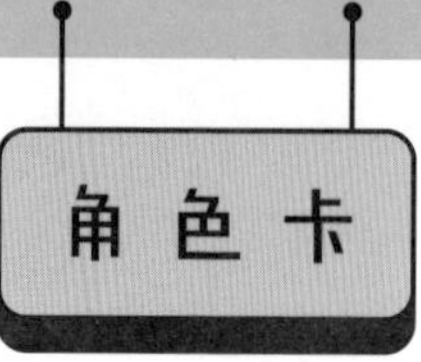

·姓名 物质

·年龄 和宇宙的年纪一样大

·装备 电子显微镜

·普通技能 能够在固态、液态和气态之间变化

·特殊技能 超强的自我更新能力，更多的新物质被发明创造出来

·天赋 由非常微小的粒子组成

·武学 一块很小的物质，能够转化为巨大的能量

在物理学上有一个非常著名的式子，揭示了物质和能量之间的关系：物质其实就是能量，只不过物质是看得见摸得着的，能量则显得神秘一些。如果把一颗小珍珠里的能量全部提取出来，就相当于4万吨炸药，足以毁灭一座小型城市。

·关联物品 世间万物

·行动范围 一切有物质的地方

2

ENERGY能量

嗨，我是能量！

草可以给小马补充能量。
汽油可以给汽车提供能量。
啊！这触电的感觉真爽。
通上电，机器也获得了能量。
活过来了！谢谢你救了我们！
不客气！
你们好，我是能量，我还有很多本领呢！快跟我来。

能量有什么本领？

有了我，旋转木马
可以转起来。
轮船可以运送
货物。

火箭能飞上天。

现代社会的运转一
刻也离不开能量。

能量从哪儿来?
地球最初的生命是在海洋里诞生的,他们的能量来自海底火山。
火山的能量来自地球内部,也就是地热能。地球内部的温度很高,最热的内核高达将近7000摄氏度。
火山喷发产生的能量,让海洋中开始出现简单的生命。但要是想形成更复杂的生命,还需要更多的能量。
水
CO_2
O_2
一种被称为蓝细菌的微生物创造性地开始利用太阳能,这也是光合作用的初级形式。

光合作用就是植物利用太阳的光能吸收二氧化碳、放出氧气的过程。我们熟悉的物质出现了——氧气！有了氧气，更多动植物也可以生存了。
O_2
O_2
猛兽又吃掉这些植食性动物，获得能量，长得更强壮。
植物依靠太阳能生长，马、牛、羊吃掉植物，获得能量，有了力气奔跑。
即使植物和动物死掉了，他们的能量也不会完全消失。
这些能量被释放到土壤中，又能被植物吸收利用。植物生长，又继续吸收太阳能。
看不见的微生物会分解它们的躯体，获得能量。

而那些腐烂的躯体则被埋在地下和海底。
随着地壳的运动，它们被埋得越来越深，跟着土壤变成一层一层的。
最后它们变成了蕴含着很多能量的煤、石油和天然气等燃料。

动植物和燃料自身储存的能量是化学能。
燃料燃烧后产生的是热能。
这些化学能、热能的来源都是太阳能，而太阳能可以“变”成不同形式的能量，因为能量之间可以相互转化。
比如，植物可以吸收阳光，并产生养料储存起来，这是把太阳能转化成了自身的化学能。
燃料燃烧起来可以加热食物，这是把自身的化学能转化成了热能。
能量的形式还有很多种，如动能、势能、电能、光能等。
动能
光能
电能
势能

当物体动起来

马儿奔跑、汽车行驶会产生能量，这个能量就是动能。

湍急的流水可以产生动能，推动水车。

高速运动的子弹可以产生动能，击穿靶子。

这些物体都在运动，而物体由于运动产生的能，就叫作动能。

动能的大小与什么有关呢？比如，你走在路上，一只小狗跑过来撞到你，你不会感觉到疼。
但是，如果以同样的速度撞你的是一头大熊呢？
你会被撞飞！这说明动能的大小与质量有关，质量越大，动能越大。
动能还与物体的运动速度有关，速度越快，动能越大。所以，骑车时速度不能太快，否则会很危险。

当物体在高处

日常生活中还有一种常见的能叫势能。比如，石头从悬崖落下时，会将地面砸出大坑，这说明石头有能量。
冰雹从高空落下砸到头上，你会觉得疼，说明冰雹有能量。
在打桩时，打桩机先把重锤高高举起，再落下，就可以把桩打入地下，说明重锤也有能量。

物体处于高处时具有能量，
这个能量叫作重力势能。
当物体落下时，重力势能
就会释放出来。

像这样，两只手拿着一大一小两块石头，
在相同高度处松手。此时我们会看到，
质量更大的那块石头在沙子中陷得更深。

再拿两块相同质量的石头，在不同
高度处松手，那么，更高的那块石
头便在沙子中陷得更深。

这样看来，物体的质量越大、所在位
置越高，它具有的重力势能就越大。
有了重力势能，即使很小的物体从高
处落下，也具有很大的能量。
所以，住在楼房里的
小朋友，千万不要向
窗外扔东西，这可是
很危险的！

当物体发生形变

还有一种势能也很常见。例如，网球拍受到挤压时，会产生能量，将网球弹出。
弹弓被拉开会产生能量，将石头射出。

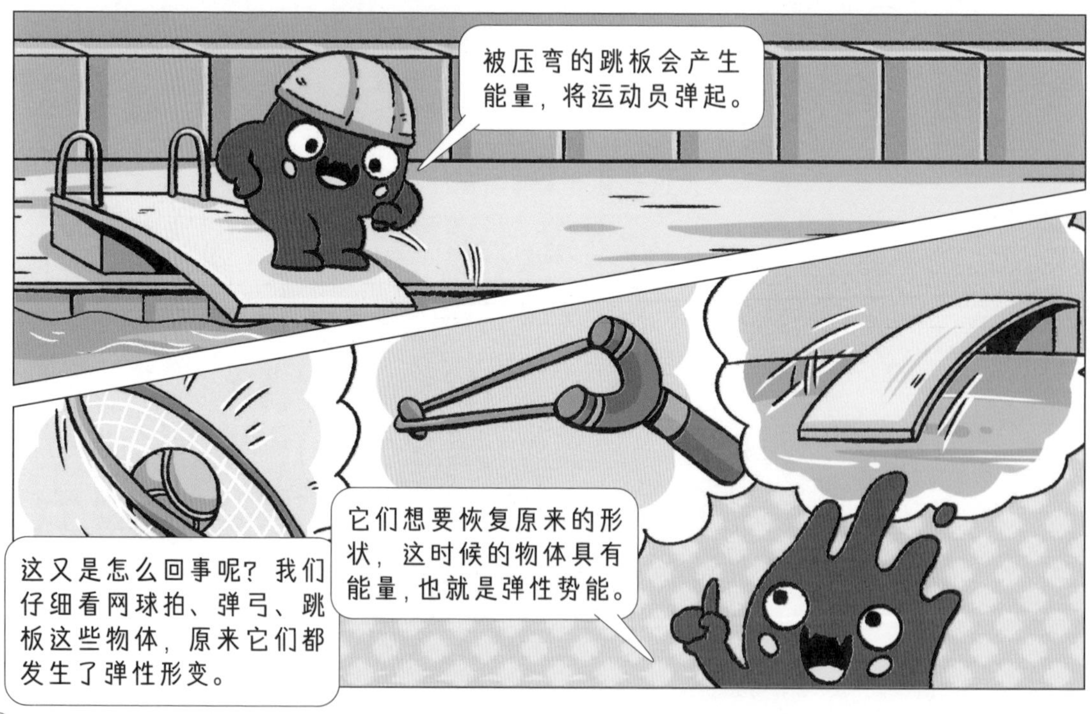
被压弯的跳板会产生能量，将运动员弹起。
这又是怎么回事呢？我们仔细看网球拍、弹弓、跳板这些物体，原来它们都发生了弹性形变。
它们想要恢复原来的形状，这时候的物体具有能量，也就是弹性势能。

弹性势能的大小与
什么有关呢?

当拉弹弓时，你会
发现弹弓被拉开得
越长，石头便射得
越远。

蹦床凹陷得越深，反弹得
越高。看来，弹性势能与
形变程度有关。物体的弹
性形变越大，具有的弹性
势能就越大。

机械能
动能
势能
重力势能
弹性势能
我们给这些能量起
了一个统一的名字，
就叫机械能。

物体内也有能量

我们用眼睛看到的运动物体具有动能。看不见的物体内部，分子们也在运动，它们同样具有动能。

分子总是在不停地做热运动，温度越高，速度越快，动能也就越大。

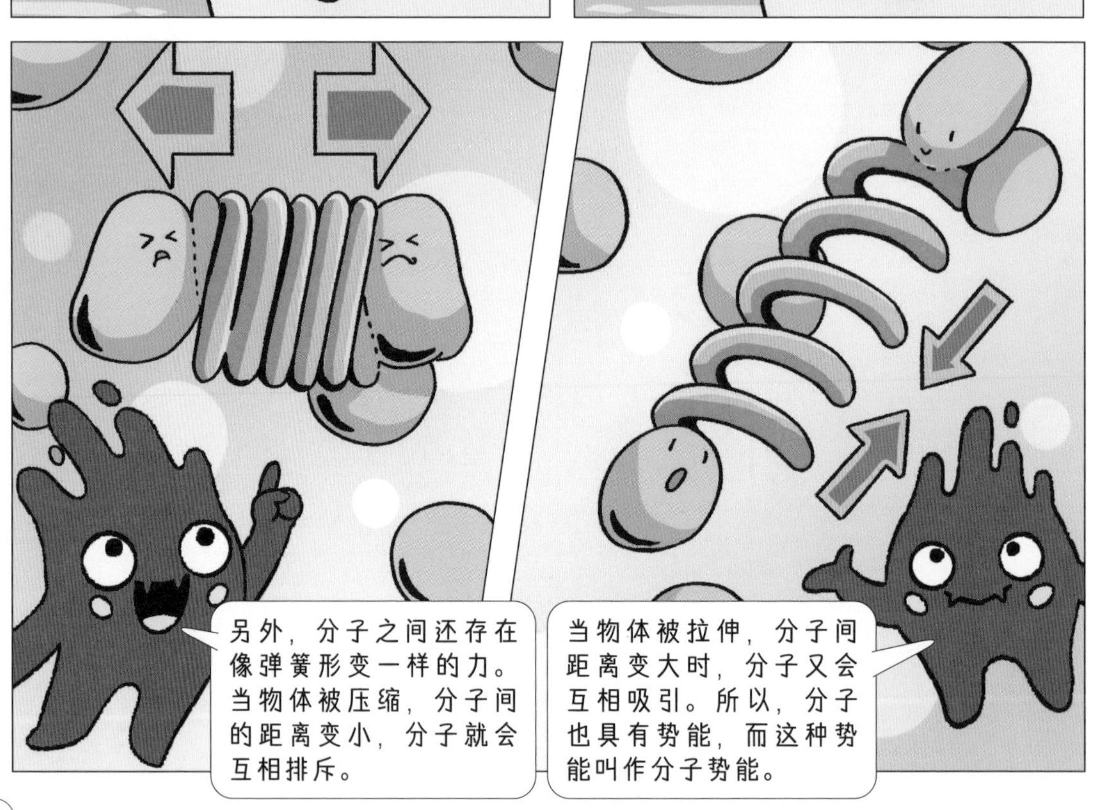
另外，分子之间还存在像弹簧形变一样的力。当物体被压缩，分子间的距离变小，分子就会互相排斥。
当物体被拉伸，分子间距离变大时，分子又会互相吸引。所以，分子也具有势能，而这种势能叫作分子势能。

所有分子的分子动能和分子势能的总和就是物体的内能。
所以，飞在空中的足球，不仅具有动能和重力势能这两种机械能，还具有内能。
一切物体都是由分子构成的，都具有内能，不管热的还是冷的。比如，炙热的铁水具有内能。
即使是温度很低的冰块，里面的水分子也在不停运动，所以也具有内能。

内能可以改变

物体的内能不是固定不变的，它可以通过一些方式改变。比如，把烧热的铁放在冷水中，铁会变凉，而冷水会变热，这个过程就发生了热传递。热传递可以改变物体的内能。
铁遇到冷水，温度降低，铁原子的运动速度变慢，内能降低。
水遇到热的铁，温度升高，水分子的运动速度变快，内能升高。

在热传递过程中，传递能量的多少叫作热量。物体吸收热量，内能增加。物体释放热量，内能减少。
牛奶
热量
在热传递过程中，高温物体的温度逐渐降低，低温物体的温度逐渐升高。热量总是自发从高温物体向低温物体传递。
当它们的温度相等时，热传递就会停止。

生活中的热传递

在生活中，我们经常会用到热传递。比如，冬天用热水袋暖手，手慢慢变热，热水袋则慢慢凉下来。

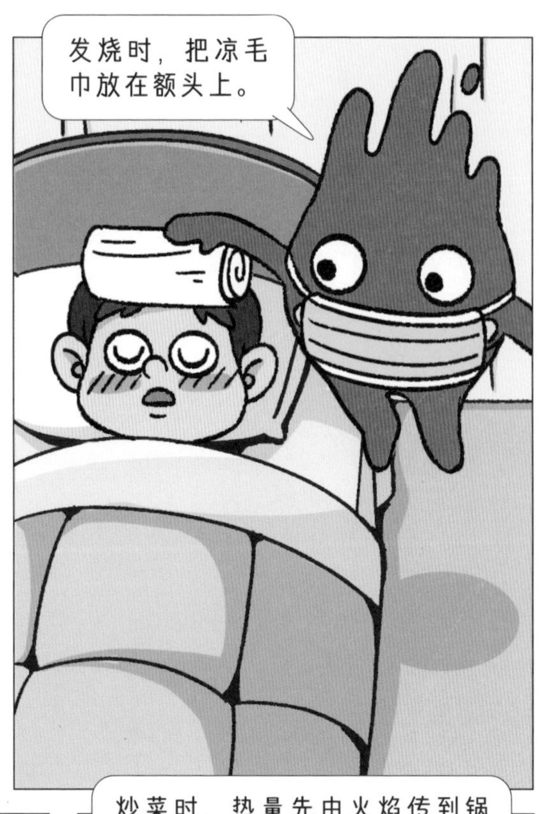

发烧时，把凉毛巾放在额头上。

过了一会儿，毛巾温度升高，人的体温下降，也就起到了降温作用。
炒菜时，热量先由火焰传到锅底，再传到锅的各个部位，最后传到锅里的蔬菜中。这些过程中都发生了热传递。

地球表面也发生着热传递。我们知道，地球上的能量大部分来自太阳，太阳通过热辐射把能量传送到地面。

地面受热后也会产生热辐射，向外传递热量。地球表面有大气层，大气层中的二氧化碳会减弱这种热辐射。

因此，地球表面的温度会维持在一个相对稳定的水平，这就是温室效应。适度的温室效应是维持地球上生命生存环境稳定的必要条件。

神奇的热胀冷缩

物体温度的改变，不仅会引起内能变化，还会引起体积变化。比如，被踩扁的乒乓球放在热水里会鼓起来。

这是因为内部的气体受热体积增大，就把乒乓球撑起来了。

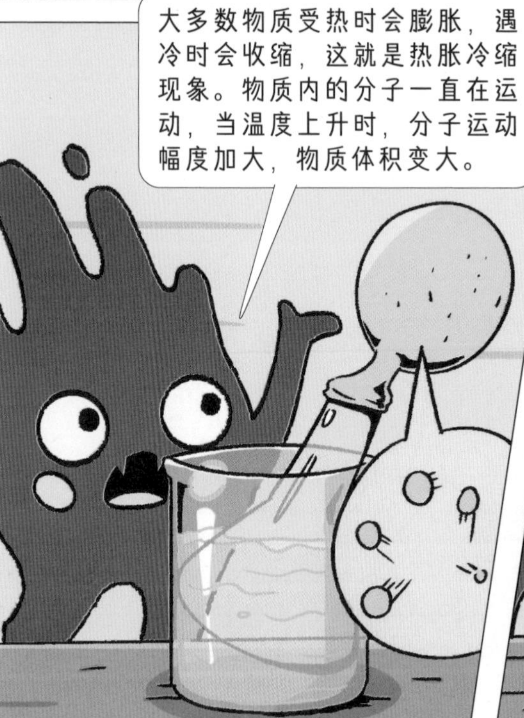
大多数物质受热时会膨胀，遇冷时会收缩，这就是热胀冷缩现象。物质内的分子一直在运动，当温度上升时，分子运动幅度加大，物质体积变大。

当温度下降时，分子运动的幅度减小，物质的体积也就跟着缩小了。

夏天，不能给轮胎充太足的气，这是为了防止温度过高时，轮胎内的气体膨胀可能会引起爆胎。

把煮熟的鸡蛋放在冷水中浸一浸。

里面的蛋白遇冷时，收缩得比蛋壳快，此时的蛋壳就很容易剥开。

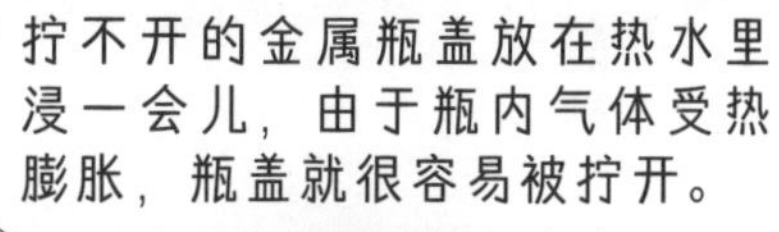
拧不开的金属瓶盖放在热水里浸一会儿，由于瓶内气体受热膨胀，瓶盖就很容易被拧开。

测量冷热的工具

真暖和。
温度和我们的生活息息相关，平常我们可以通过感觉来判断温度的高低，来感受冷和热。

好热。
好冷啊。
但有时候，我们的感觉不一定准确。

像这样，把两只手分别放入热水和冷水中。
危险动作，请勿模仿！
过一会儿，再把双手同时放入温水中。哎？两只手的感觉不一样啊。看来，如果我们完全依靠感觉，无法准确判断物体的冷热。

温度计
体温计
寒暑表
要准确判断温度的高低，我们需要用到测量温度的工具，也就是温度计。
温度计也是根据热胀冷缩的原理制成的。用温度计测量高温物体时，管内的液体受热，体积膨胀，就会沿着管子上升。
当测量低温物体时，液体受冷，体积收缩，就会沿着管子下降。
温度计上标有刻度，这样我们就可以知道准确的温度了。
℃
50
40
30
20
10
0
-10
-20
-30
0

能量是守恒的

手冷的时候搓一搓，就会感觉热起来。这是怎么回事？热量可以凭空产生吗？

当然不是，这是因为不同形式的能量之间可以相互转化。当你搓手时，动能转化成了内能，所以感觉手热起来了。

苹果从高处下落时速度越来越快，这是因为苹果的重力势能转化成了动能。
箭会被射出去，是因为弓的弹性势能转化成了箭的动能。

水泵能把水送到高处，是电能转化成了水的重力势能。
咕嘟
锅里的水会变热，是燃料的化学能转化成了内能，而内能又从锅里传递到了水中。
所以，能量不会凭空产生，也不会凭空消失，它只会从一种形式转化为其他形式，或者从一个物体转移到其他物体。
而在转化和转移的过程中，能量的总量保持不变，这就是能量守恒定律。
内能
机械能
光能
电能
化学能

把一个小球放在U形坡顶端，然后松手。这时，小球的重力势能转化成动能，小球快速向下滑去。
重力势能
动能
下滑时，小球重力势能越来越小，动能越来越大。
重力势能
动能

动能
当滑到最底端时，动能达到最大值，小球并没有停下来，而是继续向前滑动。

重力势能
动能
动能又转化成重力势能，小球向另一侧的斜坡冲去。小球最终会冲出斜坡吗?

当然不会，因为能量是守恒的。当小球冲到对面斜坡的最高点时，重力势能应该与最初的重力势能一样大，也就是说小球会滑行到原来的高度。
实际上，由于摩擦生热，一部分重力势能转化成小球与斜坡的内能，所以小球的重力势能会比最初的要小，而且还会越来越小，最终无法冲出斜坡。
就像掉在地上的网球会越弹越低一样，并不是能量减少或者消失了，而是能量转化成了空气和网球的内能。
同样地，在行驶的汽车中，燃料的化学能一部分转化为汽车的机械能，另一部分则转化成了热能和周围环境的内能。

能源不是取之不尽的

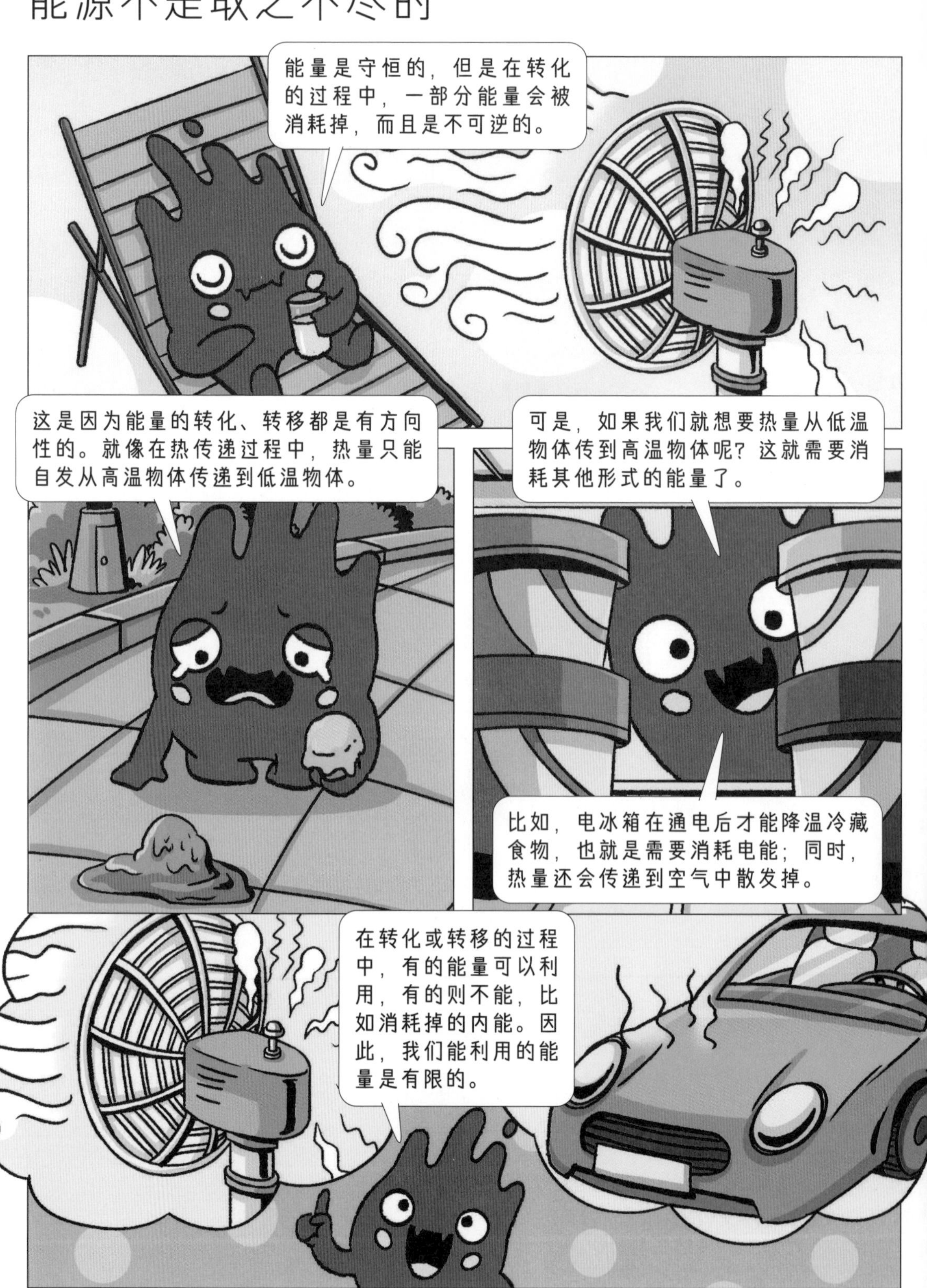
能量是守恒的，但是在转化的过程中，一部分能量会被消耗掉，而且是不可逆的。
这是因为能量的转化、转移都是有方向性的。就像在热传递过程中，热量只能自发从高温物体传递到低温物体。
可是，如果我们就想要热量从低温物体传到高温物体呢？这就需要消耗其他形式的能量了。
比如，电冰箱在通电后才能降温冷藏食物，也就是需要消耗电能；同时，热量还会传递到空气中散发掉。
在转化或转移的过程中，有的能量可以利用，有的则不能，比如消耗掉的内能。因此，我们能利用的能量是有限的。

在生产生活中，我们使用的大部分能量都来自化石燃料的燃烧，比如火电厂利用煤燃烧产生电能。

石油除了做燃料，还可以生产药物。

日常生活也离不开天然气。

天然气
煤、石油、天然气都是化石燃料，它们的形成需要几百万年，一旦用完很难再生，所以也被称为不可再生能源。

还有一些能源可以不断再生，供人们持续利用，它们被称为可再生能源，如太阳能。太阳每天照常升起，太阳能可以为人们提供热量，或者转化成电能。
风也是可再生能源，风能可以发电。

风还能帮助帆船航行。
流动的水也可以发电。

此外，我们还可以开发和利用新能源。
我们知道原子的中心是原子核，一旦原子核发生分裂或者相互结合，就会释放出巨大的能量，这就是核能。
氢燃烧后的产物是水，所以氢能是世界上最干净的能源。
地球内部的热量是地热能。
还有海洋能、生物质能等，都是可以开发利用的新能源。

节约能源，从我做起

不过有时，燃料在开采中会发生泄漏，污染水资源。

能源的过度开采还可能导致地面沉降、破坏生态。

燃料燃烧还会产生大量的二氧化碳，会加剧地球的温室效应，导致全球气候变暖，使冰川融化。
我的家没了。

因此，我们要合理利用能源，减少能源的消耗。水不用的时候要关掉水龙头。
废旧的纸箱、玩具可以循环利用。

纸张写完一面，可以翻过来继续写。

选择绿色出行，尽量少使用一次性产品。

尽量使用可再生的清洁能源。未来还有很多新能源等待你来发现。
我是能量，我在未来等你哟！

角色卡

·姓名 能 量

·年龄 和宇宙的年纪一样大，或许比宇宙的年纪还大

关于宇宙的来源，不同科学家有不同的看法。有人认为宇宙来源于一个密度无限大的点发生的爆炸，这个点被叫作“奇点”；有人认为在大爆炸之前还有另一个“时间倒流”的宇宙。

·装备 温度计

·普通技能 能够改变物质的状态

·特殊技能 让物质心甘情愿地成为它的运载体

大多数情况下，能量无法离开物质独立存在。灯泡能够发亮，是因为电线把电能输送到灯丝上；汽车能够在街上行驶，是汽油为它提供了能量；食物能够被烤熟，是火焰提供了能量。

·天赋 能量守恒

·武学 遇强则强

速度越快、形变越大、位置越高、温度越高的物体，具有的能量越大。

·关联物品 煤、石油、天然气……

·行动范围 全宇宙

3

FORCE力

深藏不露的力

你有没有好奇过，为什么云会飘在天上？
为什么瀑布会往下流？
为什么动物会奔跑？
为什么苹果熟了会掉到地上？
这都是因为我！你问我是谁？哈哈哈，我是力。

当你拿起桌子上的书本时，要用力。
踢足球时，要用力。

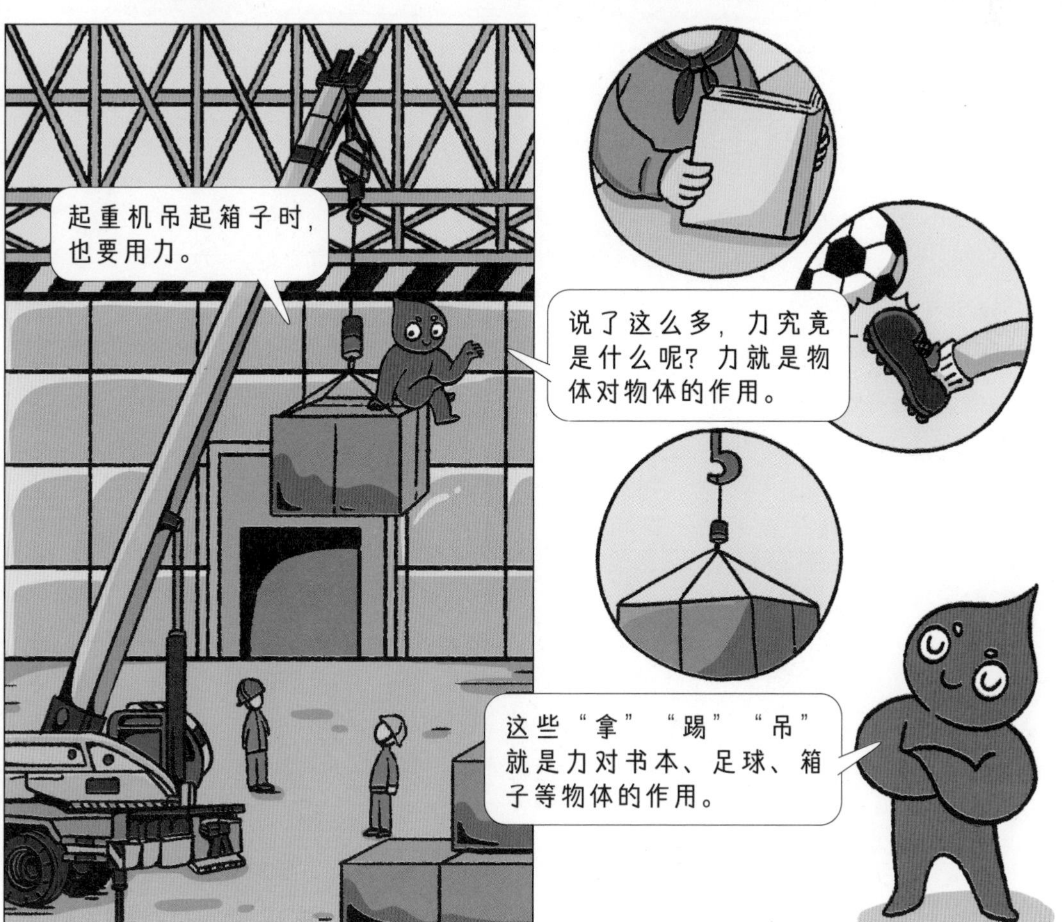
起重机吊起箱子时，也要用力。
说了这么多，力究竟是什么呢？力就是物体对物体的作用。
这些“拿”“踢”“吊”就是力对书本、足球、箱子等物体的作用。

运动是相对的

力还常常伴随着运动。我们踢足球时，足球会飞起来，足球是运动的。
我们推箱子时，箱子也会……哎呀，推不动。那么，箱子是静止的。
我们身边的物体，有的是静止的，有的是运动的。比如，放在桌子上的苹果是静止的，水杯是静止的。而空中飞着的蚊子是运动的，妈妈手里的苍蝇拍也是运动的。
物体运动还是静止，要看它以哪一个物体作为标准，这个标准就是参照物。如果物体的位置相对参照物发生了变化，它就是运动的；如果没有变化，它就是静止的。
参照物

坐在行驶的公交车上，你会发现窗外的大树在向后退。
但是在行人看来，大树是静止的，公交车却在向前行驶。为什么同样的物体，你和行人看到的运动状态却不同呢？
这是因为你们选择的参照物不同。以公交车为参照物，大树是运动的。以地面为参照物，大树则是静止的。这样来看，物体的运动和静止是相对的。
参照物
参照物
所以，当我们选择的参照物不同时，物体的运动状态也不同。比如躺在床上睡懒觉的你，如果以地面为参照物，你是静止的。
Z
谁说我在睡懒觉？是你不懂科学。
如果以地心为参照物，你就是运动的。哪怕你在床上躺了一整天，其实你也已经绕地球运动了一圈了。

奇妙的惯性

“车辆起步，请扶稳坐好。”
这是坐公交车时总能听到的提示语，如果调皮的你没有听话，你可能会……

摇摇晃晃，站不稳。
或者“砰”地撞到妈妈怀里。
咦？这是怎么回事，我的身体好像不受控制了？

放轻松，这只是你拥有的一个神奇特性，那就是惯性。惯性会让你保持原有的静止或者运动状态。所有物体都有惯性。
当车辆突然开动时，座椅会跟着向前移动，但是你的身体还保持着原来静止的状态，就会表现得向后仰倒。
当车辆急刹车时，车辆停了下来，但是你的身体还保持着向前运动的状态，就猛地向前冲。
所以，坐车时一定要系好安全带呀。
为了防止乘车时由于惯性而产生的伤害，现在的轿车都装有安全带和安全气囊，它们能对人体的运动起到缓冲作用。

生活中还有更多惯性。
跳远时先助跑，这是因为助跑时会产生速度，当你跳起时，惯性让你的身体仍然处于助跑时的速度，这样就能跳得更远。

衣服脏了，通过拍打让衣服动起来，上面的灰尘则由于惯性离开衣服。

洗完手后，用力甩一甩，水会因为惯性而被甩出去。

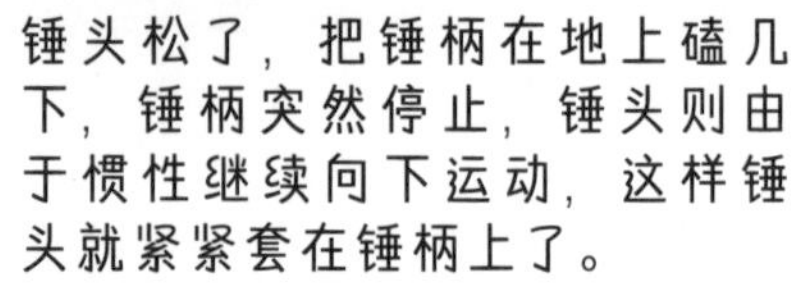
锤头松了，把锤柄在地上磕几下，锤柄突然停止，锤头则由于惯性继续向下运动，这样锤头就紧紧套在锤柄上了。

纸飞机离开手以后，因为惯性还会继续飞行。

行驶中的汽车，紧急刹车后，因为惯性会继续滑行一段距离。

走路时被石头绊到会摔跤，是因为脚虽然停止了前进，但是身体因为惯性仍会继续向前，所以会摔倒。

力的三要素来教你进球

你喜欢踢足球吗，想要来个帅气的进球吗?

哎呀，力气太小了。

咦，踢偏了。

糟糕，踢空了。

别灰心，我来教教你。你的脚要踢在足球的中心位置，要向着球门的方向踢，最后你要大力地踢。准备好了吗? 1，2，3！

球进了!
所以，你踢球时用力的大小，力的方向，还有踢在球的什么位置都会影响进球结果。
物理学中，我们把力的大小、方向、作用点叫作力的三要素。
仔细观察一下周围的物体，它们都受到了什么力呢？找一找这些力的三要素吧。

无处不在的重力

生活中最常见的力就是重力。你有没有发现，即使你把足球踢得再高，它最后还是会掉到地上。
这是因为地球对它附近的物体有一种吸引作用，这种吸引会使物体受到一种力，也就是我们常说的重力。
地球附近的物体都受到向下的重力，所以，熟了的苹果会掉到地上。
水总是向低处流。
向空中撒开的渔网，会飘落到水里。这些都是因为重力的作用。

重力的大小与物体的质量有关，
物体的质量越大，重力就越大。
所以，你可以轻易拿起一本书。
但是想要搬起一张课桌，
就需要花费很大的力气。
用细线把物体悬挂起来，线
的方向与物体受到重力的方
向在一条线上。也就是说，
重力的方向是竖直向下的。
这是铅垂线，砌
墙时可以用它检
测墙直不直。

知道了重力的大小和方向，那么，重力的作用点又在什么位置呢？
其实地球对物体的每个部位都有吸引作用，所以物体的各个部分都会受到重力。啊？居然有这么多作用点啊！
不过，这些物体与地球相比个头很小很小，可以把它们受到的重力看作是作用在某一个点上，这个点就叫物体的重心。像这些质量分布均匀、形状规则的物体，它们的重心在几何中心上。
如果物体质量分布不均匀，形状也不规则，那它的重心就会偏向质量较大的部位。
比如不倒翁，就是因为底部质量大，所以重心很低，不容易倒。
重心

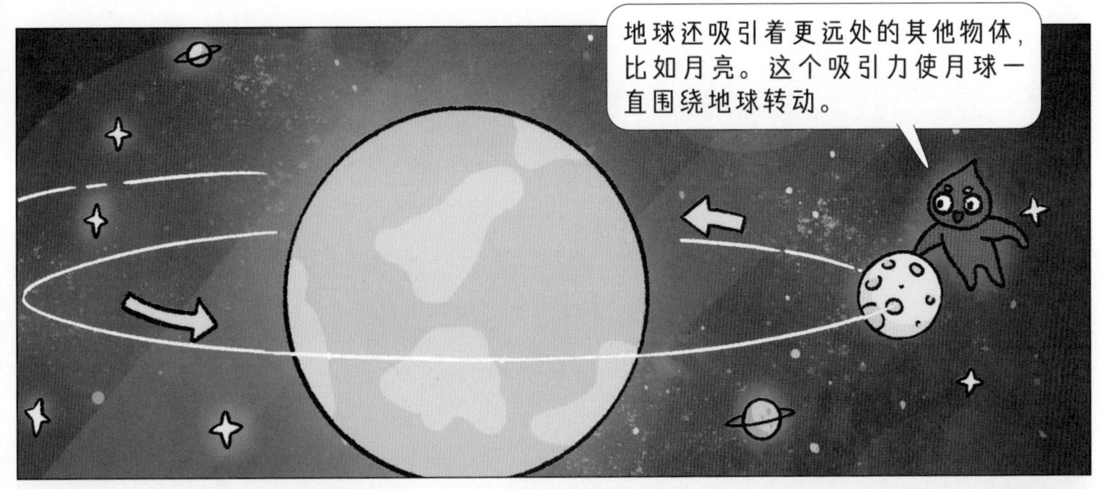
地球还吸引着更远处的其他物体，比如月亮。这个吸引力使月球一直围绕地球转动。

而月球也同样吸引着地球上的万物，只不过这个吸引力没有地球的吸引力大，所以我们不会被吸引着飞向月亮。

其实，宇宙间的所有物体，大到天体，小到尘埃，都存在相互吸引的力。

这就是万有引力。

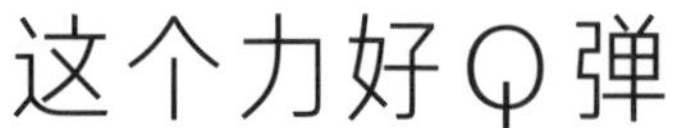

这个力好Q弹

有一种力，你可以用手感受得到。用力捏橡皮泥，橡皮泥可以变成任意形状。
用力拉橡皮筋，橡皮筋变长了。看来物体受到力的作用时会发生形状变化。

当你松开手后，橡皮筋变回了原来的形状，而橡皮泥却没有。这是因为橡皮筋具有弹性，它在受力时会产生形变，不受力时，又能恢复到原来的形状。
我们拉橡皮筋时，能感觉到它对手有力的作用，这是橡皮筋由于弹性形变产生的力，叫作弹力。
弹力

注：橡皮泥也有恢复原状的性质和微弱的弹力。

弹
力
弹力是一种很常见的力，你坐在沙发上，屁股变扁了，屁股会给沙发一个压力。沙发凹进去了，沙发会给屁股一个支持力。这些压力、支持力都是弹力。

用手戳气球，气球凹进去一块儿，Q弹的触感让人爱不释手，同时手会感觉到阻碍，这是因为弹力的方向与引起弹性形变的外力方向相反。

而且你戳得越用力，气球的形变就越大，弹力也越大。

砰！
如果你不停地戳，气球就会……

这是因为物体的弹性有一定的限度，一旦超过这个限度，就不能恢复到原来的形状。
弹性限度

就像弹簧，它也有弹性，会变长也会变短，但是如果你非常用力地拉弹簧，弹簧最终会变成一条线，也就彻底失去了弹性。

又爱又怕的摩擦力

踢足球时，如果你不一直踢，足球滚动一会儿就会停下来。
普通玩具车，你不一直推动它，它也会慢慢停下来，这是为什么呢？
xx123

这是因为有摩擦力的作用。像这样，把手掌压在桌面上向前推，你会感到桌面对手掌有阻碍作用，这个阻碍作用就是摩擦力。
摩擦力
两个互相接触的物体，当它们相对运动或者有相对运动趋势时，在接触面上会产生一种阻碍运动的力，也就是摩擦力。

摩擦力的大小跟接触面所受的压力有关，压力越大，摩擦力越大。所以推空箱子时很容易。

但如果箱子里装满东西，你再推箱子，就会变得很费力。
摩擦力的大小还跟接触面的粗糙程度有关，接触面越粗糙，摩擦力越大。你在冰面上推箱子就比在土地上推箱子要容易得多。

许多情况下摩擦力是有利的。
例如，人走路时要利用鞋底与地面间的摩擦力，才能向前行走。
轮胎的花纹增加了轮胎与地面的摩擦力，可以防止轮胎打滑。
体操运动员比赛时，会在手上涂防滑粉，来增大摩擦力。

而有时，摩擦力又是有害的。
呀，镯子戴久了拿不下来了！
玉镯与手腕之间的摩擦力不仅会卡住玉镯，还会让手腕感到疼痛。
所以，如果能减少这个摩擦力，比如在手腕上抹上一圈肥皂液或润滑液……
可算拿下来啦，还是你有办法！
嘿嘿……

力可以改变物体的运动状态

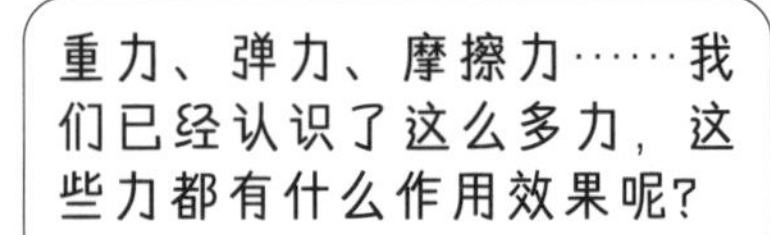

重力、弹力、摩擦力……我们已经认识了这么多力，这些力都有什么作用效果呢？

弹力

重力

摩擦力

静止在地上的足球，如果你踢它一脚，足球就飞了出去。这个力使足球从静止的变成运动的。

守门员一把抱住了足球，守门员的力使足球从运动的变成静止的。

你捡起一块石头扔了出去，你的力使石头从静止的变成了运动的。

石头飞行一段距离后落到了地上，重力又使它从运动的变成了静止的。

速度

物体运动速度的大小、运动的方向都属于运动状态。

速度是指单位时间内物体运动的路程，是表示运动快慢的物理量。

在马路上匀速行驶的汽车，如果踩油门给它一个动力，它的速度会变快。

踩刹车，给汽车一个阻力，汽车速度会变慢。

跑步的时候，有人在前面拉着你，你会跑得更快。

有人在后面拖着你，你就跑得慢了。
说明力可以改变物体的运动速度。

力还可以改变物体
的运动方向。
羽毛球碰到球拍会
改变运动的方向。

踢足球时，脚碰到
足球可以改变足球
的运动方向。

用头顶气球，气
球会向上飞。

向外侧推门，门向外打开。
向内侧拉门，门向内打开。

我们再来做一个小实验。
你一定玩过磁铁吧，磁铁对磁性材料会产生磁力。让小铁珠从斜面滚下，这时小铁珠在桌面上的运行轨迹是直线。
现在，在一旁放一块磁铁，让小铁珠再次从斜面滚下。你会发现，小铁珠的运动方向改变了。所以力可以改变物体的运动方向。
力可以使静止的物体运动，也可以使运动的物体静止，还可以改变物体运动的快慢与方向。物体运动状态的改变离不开力。

力可以保持物体的平衡态

我们周围的物体都受到力的作用，不受力的物体是不存在的。有的物体运动状态一直在改变。
有的物体运动状态却没有变。什么？不是说力会改变物体的运动状态吗？
别着急呀，接着听我说。
物体这样保持静止不动，或者一直匀速直线运动的状态，称为平衡态。
平衡态
比如放在桌子上的花瓶，静止不动，处于平衡态。天花板上悬挂的吊灯，静止不动，处于平衡态。
还有平直道路上匀速行驶的汽车，也处于平衡态。

当物体处于平衡态时，它所受到的力为平衡力。静止在桌面上的花瓶，受到重力和桌面给的支持力，这两个力是平衡力。

挂着的足球，它受到重力、绳子给的拉力和墙面给的支持力，这三个力是平衡力。

匀速直线行驶的汽车，它受到重力、地面的支持力，向前的动力和向后的阻力，这几个力也是平衡力。

二力平衡的条件

二力平衡是最常见的平衡态。
一个物体在两个力的作用下，保持静止或者匀速直线运动状态，我们就说这两个力相互平衡，简称二力平衡。
二力平衡需要满足什么条件呢？我们可以从力的三要素来观察。
把绳子的一端绑在苹果上，我们拿着绳子的另一端，要想把这个苹果提起来，就要给它一个与重力相反的力，也就是向上的拉力。

这时苹果静止不动，我们给它的拉力和它受到的重力是一样大的。
如果我们用更大的力向上提，苹果就向上移动。
手松一点力气，苹果就会往下掉。
所以，要想苹果静止不动，我们给苹果的拉力必须和它的重力大小相等、方向相反。

而且你发现了吗，这个绳子一直是竖直的，也就是拉力的方向是竖直的。
如果你的手向左或向右移动，这个苹果会晃动，它不再静止。因为拉力的方向虽然还是向上的，但是不再和重力一样竖直了。
你停止动作，很快苹果也静止不动了，这时绳子又回到了竖直状态。
看来要想保持苹果的状态不变，拉力必须保持竖直方向，也就是和重力在同一直线上才行。
那么，二力平衡的条件就是，作用在同一物体上的两个力，必须大小相等、方向相反，且在同一直线上。
所以，通常力会使物体的运动状态发生改变。如果运动状态没有改变，那是因为这些力刚刚好组成了平衡力。
支持力
我们是平衡力。
重力

作用力与反作用力

一直提着苹果，是不是觉得有点累？松开手看看。哎呀，手上竟然被勒出了红印。
这说明手给了绳子和苹果一个力，同时，绳子和苹果也给了手一个力。
滑旱冰时，向前推墙。
你却向后滑动，这也是因为你给墙一个力的同时，墙也给了你一个力。
一个物体对另一个物体施力时，另一个物体同时也对它施加力的作用。也就是说，物体间力的作用是相互的。
你推墙，给了墙一个向前的推力，同时，墙给了你一个向后的推力，这两个力就是一对相互作用力。相互作用力大小相等、方向相反，且在同一直线上。

咦？听起来和平衡力好像啊。但是它们有本质的不同，平衡力是作用在同一个物体上的力。比如，水桶受到的拉力和重力，是一对平衡力。

而相互作用力则是作用在两个物体上的力，手给水桶的拉力，是水桶受到的力。同时水桶也给手拉力，这是手受到的力。

打球时，球拍给球施力，同时，球也会给球拍施力。

马拉车时，马同时也受到车向后的拉力。这些都是相互作用力。

机械让我们的工作变得更容易

除了探究力的性质，人们也一直在思考如何更好地利用力学原理。所以人们发明了机械，机械可以让工作变得更容易。

杠杆是最简单的机械之一。当你用筷子夹菜，用剪刀剪纸时，你就在使用杠杆了。

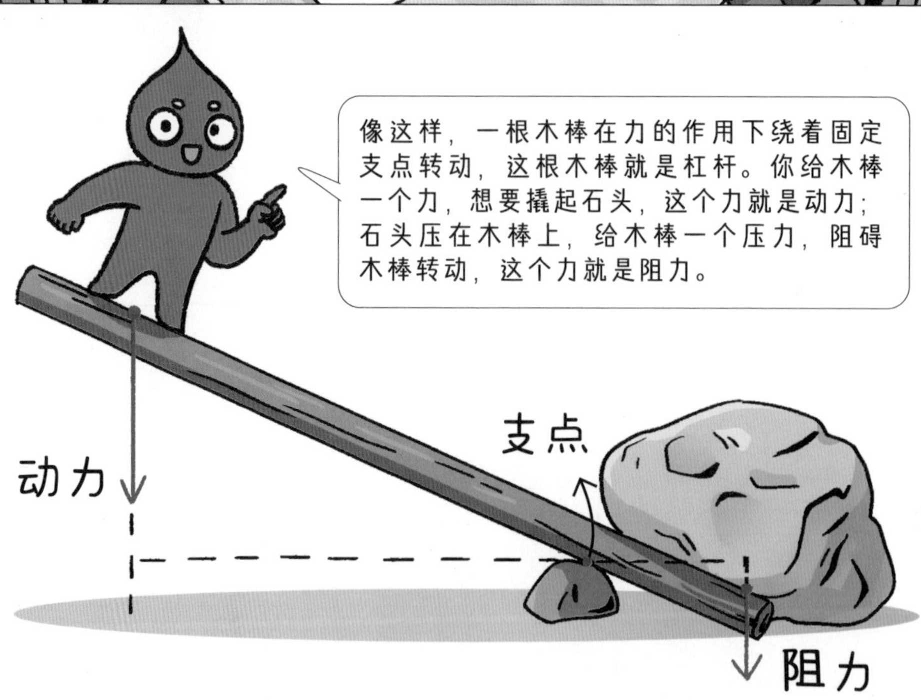

像这样，一根木棒在力的作用下绕着固定支点转动，这根木棒就是杠杆。你给木棒一个力，想要撬起石头，这个力就是动力；石头压在木棒上，给木棒一个压力，阻碍木棒转动，这个力就是阻力。
支点
动力
阻力

从支点到动力的最短距离，叫动力臂；从支点到阻力的最短距离，叫阻力臂。
动力臂
阻力臂
如果动力臂比阻力臂长，你就可以很容易地把石头撬起，这是省力杠杆。
相反，如果阻力臂比动力臂长，那么想要撬起石头就会很费劲，这样就是费力杠杆。
阻力臂
动力臂
费力杠杆虽然费力，但是也有它的好处。比如，船桨就是费力杠杆，在划船时，你需要用很大的力划动船桨，但是只需手移动较小的距离，就能使桨在水中移动较大的距离，船就可以在水上前行了。
如果动力臂与阻力臂刚好相等，那就是等臂杠杆，你经常玩的跷跷板、人们常用的天平，都是等臂杠杆。
古希腊科学家阿基米德曾经说过：“给我一个支点，我可以撬动地球。”可见，杠杆的威力多么巨大。

阻力臂
动力臂
滑轮也是一种杠杆，它在日常生活中的应用也很广泛。它可以帮我们提东西。
升旗也要依靠滑轮。像这样，轴的位置固定不变的滑轮，称为定滑轮。

起重机的吊钩上也有滑轮，不过它的轴会跟随物体一起运动，这样的滑轮是动滑轮。

定滑轮和动滑轮还能组合在一起，构成滑轮组。

生活中的力无处不在，很多东西都是科学家们利用力的知识创造的。
小到一把剪刀、一辆自行车，大到火箭发射，这些都离不开力。我是力，期待你们的新发明哟！

角色卡

·姓名 力

·年龄 和宇宙的年纪一样大

·装备 秤、天平

·普通技能 能够改变物体的运动状态

·特殊技能 能够让宇宙间的所有物体相互吸引

两个物体之间相互吸引的力叫作万有引力，万有引力的大小跟物体的质量和物体之间的距离有关。

·天赋 二力平衡、三力平衡

物体保持静止不动或匀速直线运动的状态叫作平衡态。这时的物体可能完全不受力，也可能受到平衡力。

·武学 以牙还牙

两个（相互作用的）物体间的作用力和反作用力总是大小相等，方向相反，作用在一条直线上。

·关联物品 弹力绳、杠杆

·行动范围 全宇宙

4

FLUID
MECHANICS
流体
力学

奇妙的流体物质

风、溪水，这些物质是可以流动的，称为流体。流体是气体和液体的总称。
我们知道物质是由分子构成的。气体是由气体分子构成的。
液体是由液体分子构成的。
气体和液体都是流体，流体分子不喜欢宅在家里，而是喜欢跑来跑去。

看不见的大气压力

流体分子很活泼，它们构成的物质具有流动性。它们还可以改变形状。
气体
气体
气体
液体

因为这些分子跑来跑去并没有固定路线，所以它们经常会发生碰撞，于是就产生了压力。最常见的压力就是大气压力。
都给我让开！

先问你几个生活中的小问题，带有吸盘的塑料挂钩为什么能吸在墙上？
为什么挤出钢笔管中的空气，并把笔头放入墨水瓶中，放手后墨水就会自动吸入管中？

为什么在水杯中装满水，杯口盖张纸片，即使把水杯倒着放，水也不会流出来？
这些都是因为有大气压力。

大气压力是怎么产生的？

地球表面一直围绕着气体，这些气体就构成了大气层。

大气会对它包围着的物体，在各个方向产生压力，也就是大气压力。

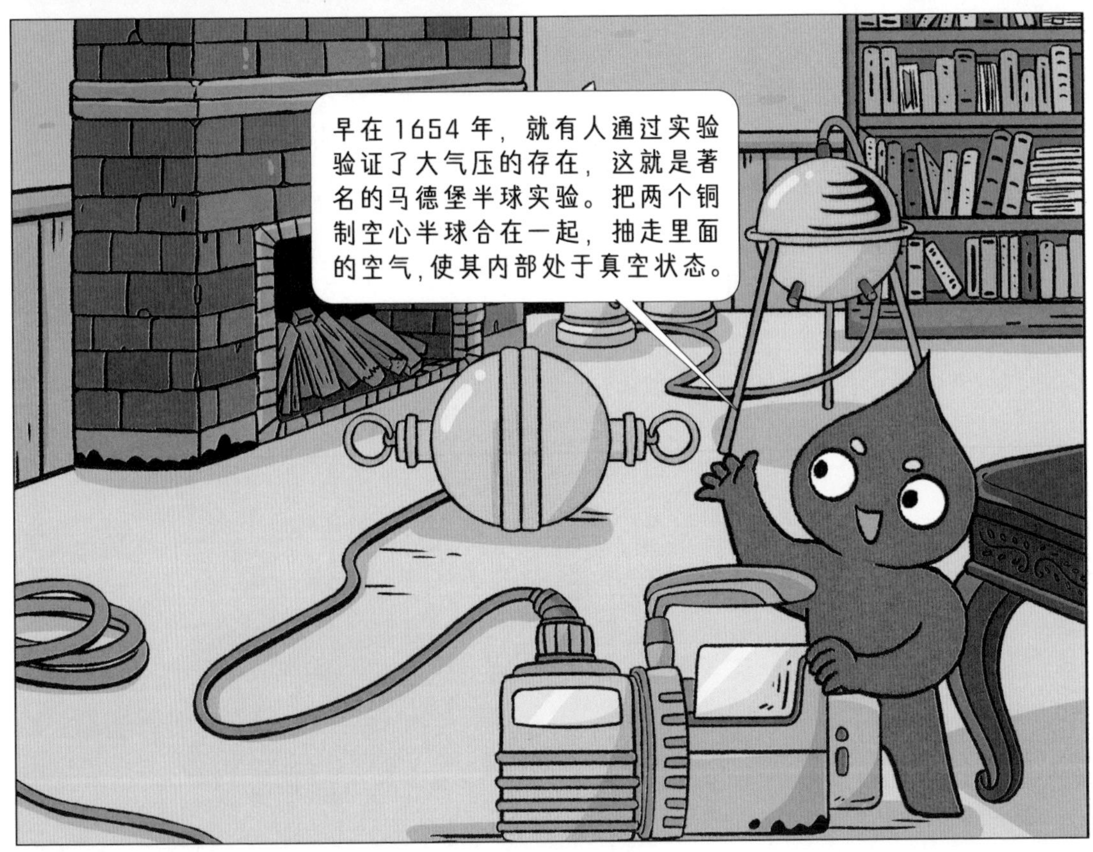
早在1654年，就有人通过实验验证了大气压的存在，这就是著名的马德堡半球实验。把两个铜制空心半球合在一起，抽走里面的空气，使其内部处于真空状态。

这时，两个半球紧紧地挨在一起，怎么也拉不开。

最后，足足用了 16 匹高大强壮的马，才把它们拉开。

奇怪？两个半球之间并没有用胶水黏在一起，也没有用钉子钉在一起。怎么会拉不开呢？
因为有看不见的大气压力把它们压在一起。半球里面是真空的，外面的空气想要进去，越想进去反而把两个半球压得越紧。
我要进去！让我进去！

还有一个常见的现象可以告诉我们大气压力的存在，那就是用吸管喝水。
当吸管放在水杯中时，吸管内部的大气压力和水杯外部的大气压力是平衡的。
当我们咬住吸管吸气时，吸管上部的空气被吸走，这部分气体压力变小，平衡被破坏。
这时，水杯里的水就会在外部大气压力的作用下，压进吸管中。
所以，我们用吸管喝水时，不是我们把水吸进嘴里，而是大气压力把水压进我们嘴里。

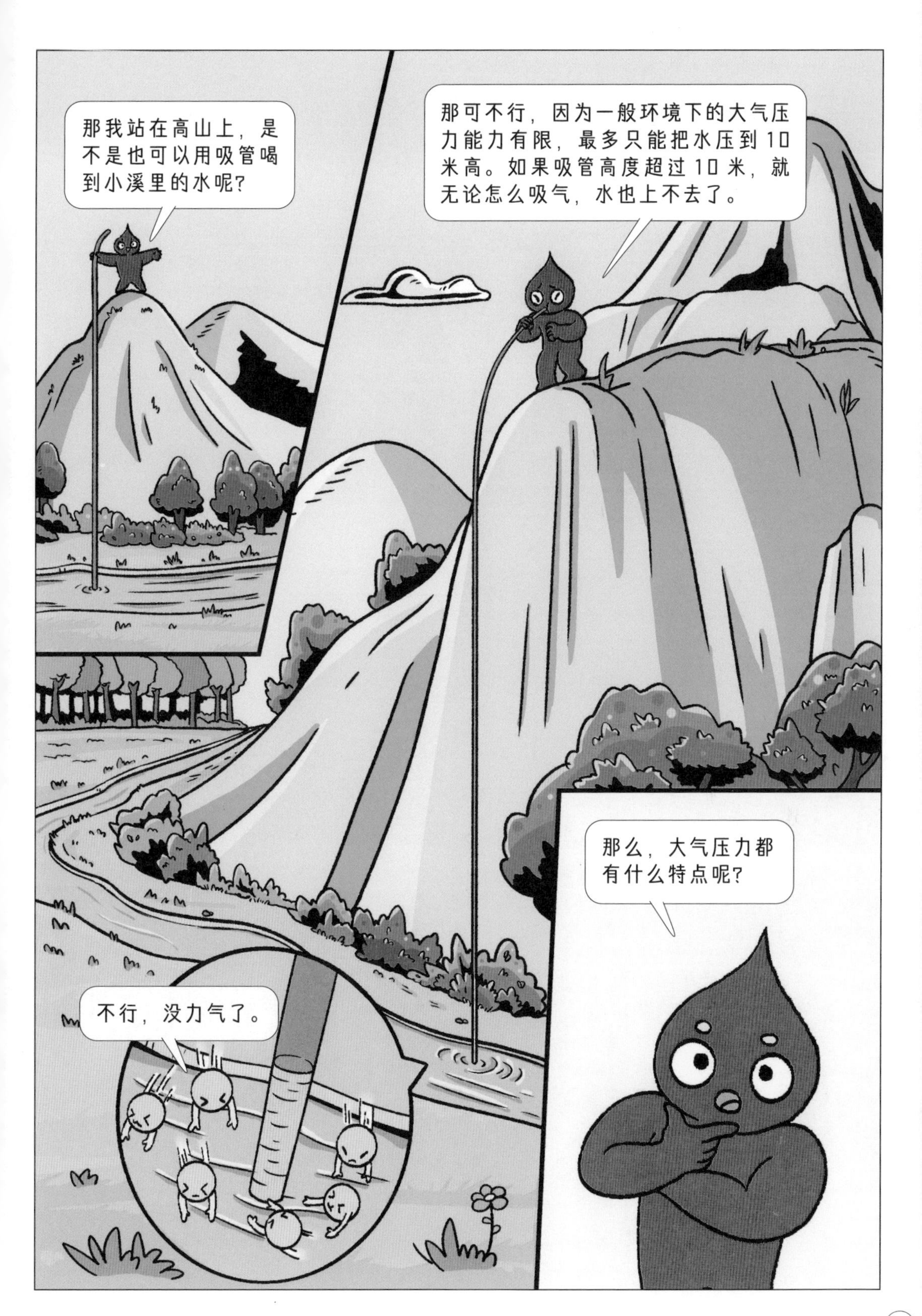
那我站在高山上，是不是也可以用吸管喝到小溪里的水呢？
那可不行，因为一般环境下的大气压力能力有限，最多只能把水压到10米高。如果吸管高度超过10米，就无论怎么吸气，水也上不去了。
不行，没力气了。
那么，大气压力都有什么特点呢？

什么是压强？

想更好地认识大气压力的作用，就要先来认识一下压强。
两个体型相似的小朋友站在雪地里，他们对雪地的压力是差不多大的，但一个小朋友陷下去了，而另一个却没有。

小小的蚊子能轻而易举地刺破皮肤。
重重的骆驼却不会陷进沙漠里。

这些都是为什么呢？我们把蚊子放大来看，会发现蚊子的嘴巴很尖很尖，所以即使蚊子给皮肤的压力很小，也能轻易刺穿皮肤。
而骆驼虽然块头大，但脚掌面积也很大，所以不会陷进沙子里。
$p=\frac{F}{S}$
这样看来，压力对物体的影响不仅跟压力的大小有关，还应该跟受力面积的大小有关。我们来验证一下这个猜想吧。

$p=\frac{F}{S}$
把一张小桌子桌腿朝下，放在海绵上，桌腿会陷进海绵里。
再在桌面上放一个砝码，桌腿陷进去更深了。
把小桌子翻过来，同样在桌面上放一个砝码，却发现海绵凹陷与小桌子正放时相比变浅了。

我们猜对了，压力的作用效果确实与受力面积有关。这个作用效果就是压强，它是物体单位面积所受的压力，也就是压力与受力面积的比。
当我们想要增大压强时，除了增大压力，还可以减小受力面积，比如把斧子的刃磨得更薄。

如果想要减小压强，就需要增大受力面积。比如滑冰时，脚下的冰面突然出现裂缝。
这时，你要做的是赶紧趴在冰面上，增大受力面积，然后匍匐前进。

大气压与高度有关

气体同样也有压强，大气压强（简称大气压或气压）是作用在单位面积上的大气压力。

气压
不同地区的大气压并不相同。一般来说，海拔越高，大气压越低。
气压

这是一个氢气球，此时，气球内外的气压是相等的。现在我要让它带我飞上天。1，2，3，飞喽！

我飞过高楼，飞过大山。

飞过云彩……然后，砰！气球爆炸了！这是因为，随着海拔升高，气球内部的气压逐渐变得比外部气压大，于是就把气球撑破了。

大气压过低会影响生活，在高原地区，水很快就烧开了，却无法煮熟食物。因为水受热会不断产生蒸汽，不停地和大气碰撞，当两者“势均力敌”时，水就表现出沸腾的现象。
大气压
蒸汽气压
蒸汽气压
实际上，这时的水温还不到70摄氏度，连鸡蛋和面条也煮不熟，所以在高原地区，人们只能用压力锅做饭。
大气压过低还会影响我们的呼吸。我们吸气时胸部会扩张，里面的气体变得稀疏，外面的空气就会进来填补缝隙。
压强大
压强小
呼气时胸部会收缩，里面的气体变得密集，空气就会跑出去一部分。
压强大
压强小
所以如果你想在高原上吸入空气，你就得更努力地扩张胸部，这样才能使胸腔内部的气体比外部空气稀疏，从而让外部空气进来。
我，我不行了。

大气压与空气流速有关

大气压还与空气流动速度有关。空气流动速度越快，压强越小；流动速度越慢，压强越大。
像这样，拿着两张纸，让它们自由下垂。
在两张纸的中间向下吹气，中间的空气流速变快，压强变小了，外面的压强更大，就会向里面挤压两张纸。
压强大
压强小
压强大
所以，你会发现两张纸非但没有被吹开，反而还向中间靠拢了。
像这样对着漏斗吹气，乒乓球上方空气流速快，压强小，下方的压强大，从而托住了乒乓球，使它不会掉下去。
压强小
压强大

飞机能够飞在天上，也是因为同样的原理。
飞机的机翼上表面是弯曲的流线型，下表面比较平整。在相同时间里，机翼上方空气流过的路程就要比下方长。
所以，上方空气的流速大，压强就小；下方空气流速小，压强就大。正是因为有这样的压强差，飞机才能飞在天上。
列车驶过时周围的空气流速会变快，压强变小，你就可能会被身后压强大的空气推向列车。
所以要与列车保持安全距离，排队时要站在黄线外面。
列车已到达
卫生间↑
1 号线

液体也有压强

空气有压力，同样地，液体中的分子也会碰撞产生压力。
比如，当水池里没有水时，我们可以很轻松地拔起出水口的橡皮塞。
可是，当水池里装满了水，再拔起橡皮塞时，就会有些费力。
伙伴们加油，压住它！
这是因为水对底部的橡皮塞有向下的压力，也就是说水对底部的物体会产生压强。

液体和空气一样具有流动性，所以液体内部向各个方向也都有压强。
向上有压强。

向左、向右有压强。
向各个方向都有压强。

液体的压强与深度有关
液体压强的大小与深度有关，越深处的液体，压强越大。
深海的压强非常非常大，大到能把人压扁。
所以，如果你想在深海中潜水，就必须穿上抗压潜水服。
如果你还想潜入更深的海底探险，那么抗压潜水服也保护不了你，这时候就需要专门的潜水器了。

这是我国自行设计的“蛟龙”号载人潜水器，它曾潜入过7062米的深海。在这个深度，“蛟龙”号每平方米需要承受7000多吨的压力，相当于每平方米停放着100多辆坦克。
“蛟龙”号的载人球舱外壳是用钛合金制造的，能够承受强大的深海压力。观察窗非常厚，是高分子复合材料。载人舱内基本是恒压状态，潜航员并不需要穿潜航服。
啊？它居然没有被压扁！

木桶竟然裂开了！

很久以前，科学家帕斯卡做过一个实验，他把一个桶装满水并密封上，然后在桶盖上插入一根细长的管子。
他从楼房的阳台上向细管子里灌了几杯水。

结果神奇的事情发生了，桶居然裂开了！

这是怎么回事？几杯水的威力怎么会这么大？

秘密就在这根长长的管子里。几杯水倒进去，管子里的水位变得非常高，压强变得非常大。
巨大的压强会立刻传递到桶的内表面，这超过了桶的承受能力，桶就裂开了。
根据液体压强的这一特点，工程师会把水坝修成上窄下宽的样子。

神奇的浮力

水中还有一个常见的力，这个力可以让鸭子游在水面，让船不沉下去。

浮力
重力
浮力
重力
浮力
重力
我们知道鸭子、船都受到重力的作用，但是它们却没有沉到水底，说明水对它们有一个向上托起的力，这个力就是浮力。
把手放在水面上，轻轻向下压，你会感到手掌下面的水在向上托着你的手，这个托着你的力就是浮力。

在水面上游动的鸭子会受到浮力，那么在水里游着的鱼、沉在水底的铁块呢，它们是不是也会受到浮力？

用手把泡沫块压入水中，然后松手。

泡沫块很快就会浮上来，这说明浸没在水中的泡沫块同样受到了浮力。

你是不是会好奇，浸没在水中的物体周围都是水，它又是如何受到浮力的呢？跟我一起去水里看看吧。

浮力是如何产生的？

当物体浸没在水中后，会抢占原本属于水的位置，水就想把物体挤出去，就会对物体产生各个方向的压力。

左边和右边受到的压力是相等的。但是下面水更深，所以物体下面受到的压力要比上面受到的压力大。

F向下
F向上
因为物体受到的向上的压力大于向下的压力，所以会有一个向上的压力差，这个压力差就是浮力了。

水里的鱼受到的向上的压力要大于向下的压力，所以鱼获得了浮力。
F向下
F向上

沉在水底的铁块，底部有水，也会对铁块产生浮力。

那桥墩也受到浮力了吗？这样桥墩不就会晃来晃去，多危险呀！

别担心，建筑师们早就想到了这点，所以桥墩都是直接插进泥沙中的，底部没有水，不受到向上的压力，也就不会受到浮力了。

那么，既然同样都受到了浮力，为什么有的物体会浮起来，有的物体却会沉入水中呢？

浮力的大小与什么有关？

我们把一个气球往水里压，气球进入水中的体积越大，排开的水就越多，手感受到的向上的浮力就越大。
这说明物体受到的浮力的大小与它排开多少水有关，排开的水越多，物体受到的浮力就越大。

传说这个规律是由古希腊的阿基米德发现的。工匠说自己打造了一个纯金的王冠，国王让阿基米德来鉴定王冠的纯度。
阿基米德想要测出王冠的体积，他在洗澡时看着浴缸向外溢出的水，突然想到把王冠浸在水中，王冠所排开水的体积就等于王冠的体积。

于是，阿基米德利用排水法，证明了这顶王冠的体积比同等重量金块的体积更大。
这说明王冠里掺杂了其他物质。就这样，阿基米德帮国王鉴定出了王冠的真假。
更重要的是，阿基米德还发现了浮力的秘密。当他泡澡时，发现身体变轻了，因为他受到了水给他的向上的浮力。
而且身体越往下沉，溢出的水越多，身体也变得更轻了。因为排开的水越多，受到的浮力越大。
注：这个故事只是传说。

除了排开液体的体积，物体受到的浮力还与什么有关呢？
这是一个鸡蛋，把它放入装有清水的杯子里。
鸡蛋沉下去了，说明这时鸡蛋受到的浮力，要小于鸡蛋自身的重力。
接着在杯子里倒一些盐，用来增大水的密度。
这时，鸡蛋会开始上浮，继而在水中保持悬浮不动的状态。此时鸡蛋受到的浮力变得和重力一样大了，这两个力达到平衡状态。

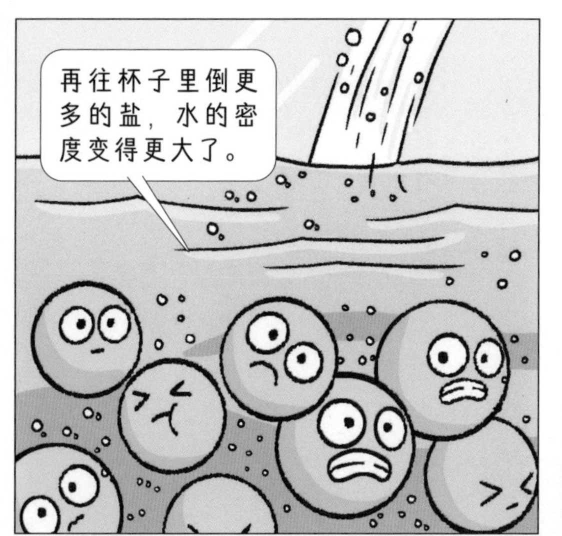
再往杯子里倒更多的盐，水的密度变得更大了。

啊！鸡蛋竟然上浮了。因为，鸡蛋受到的浮力变得比自身的重力还大了。

看来，浮力确实跟液体密度有关。液体密度越大，能允许漂浮在液体上的物体密度就越大。
人在水中会下沉，但是在死海中却能漂浮在水面上，就是因为死海中水的密度比人体的密度大。

浮力的应用

浮力在人类生活中有很多应用，而且早在远古时代，人类就开始利用浮力了，比如骑在树干上漂流。
后来人类发明了船，可以运送更多的人和货物。可是为什么铁块会沉入水底，而钢铁制造的轮船却能浮在水面上呢？
让橡皮泥来告诉你答案吧！橡皮泥的密度比水大，它在水中会下沉。
但是当把橡皮泥捏成小船的样子后，它就会浮在水面上，这是因为虽然橡皮泥的重力没有改变，但是它排开的水变多了，所以浮力也就变大了。

潜水艇不仅可以帮助我们抵抗深海的压力，还能在水中自由地上浮和下沉，它是怎么做到的呢?

当潜水艇完全浸没在水中时，排开水的多少是固定的，也就是浮力不变。如果潜水艇想要上浮或者下沉，就要改变自身的重量了。
水舱向外排水，潜水艇变轻，重力小于所受浮力，潜水艇就会上浮。
潜水艇两侧有水舱，当向水舱中注水时，潜水艇变重了，重力大于所受浮力，潜水艇就向下沉。

生活中到处都有流体里的力

建设城市供水管道、进行风力发电会用到流体力学知识，还有航空、水利、能源、环保等各个方面也会用到流体里的力学知识。
未来等待你们去探索的还有很多很多呢！我是力，再见啦。

· 姓名　力
　　　　——进入流体世界

· 年龄　和流体的年纪一样大

· 装备　船、桨、潜水服

· 普通技能　用浮力托举物体

· 特殊技能　流体的压强可以四处传递

· 天赋　物体在流体中所受的浮力等于它排开水的重力

· 武学　轻功

对于流体来说，流速越快的地方压强越小，流速越慢的地方压强越大。飞机能够利用机翼的特殊形态，让机翼上方的空气流速快于下方，因此机翼上方压强小，下方压强大，帮助飞机飞上天空。

· 关联物品　挂钩、吸管、水泵

· 行动范围　存在流体的地方

作者团队

米莱童书 | 米莱童书 点亮孩子的未来

米莱童书是由国内多位资深童书编辑、插画家组成的原创童书研发平台。旗下作品曾获得2019年度“中国好书”，2019、2020年度“桂冠童书”等荣誉；创作内容多次入选“原动力”中国原创动漫出版扶持计划。作为中国新闻出版业科技与标准重点实验室（跨领域综合方向）授牌的中国青少年科普内容研发与推广基地，米莱童书一贯致力于对传统童书进行内容与形式的升级迭代，开发一流原创童书作品，适应当代中国家庭更高的阅读与学习需求。

策 划 人： 刘润东　魏　诺

统筹编辑： 秦晓英

原创编辑： 窦文菲　秦晓英　张婉月

漫画绘制： Studio Yufo

专业审稿： 北京市赵登禹学校物理教师 张雪娣

装帧设计： 刘雅宁　张立佳　辛　洋　刘浩男　马司雯
朱梦笔　汪芝灵

图书在版编目（CIP）数据

构成万物的物理原理 / 米莱童书著绘. -- 北京 : 北京理工大学出版社, 2024.4

（启航吧知识号）

ISBN 978-7-5763-3411-1

Ⅰ. ①构… Ⅱ. ①米… Ⅲ. ①物理学－少儿读物 Ⅳ. ①O4-49

中国国家版本馆CIP数据核字(2024)第011926号

出版发行 / 北京理工大学出版社有限责任公司
社　　址 / 北京市丰台区四合庄路 6 号
邮　　编 / 100070
电　　话 / （010）82563891（童书售后服务热线）
网　　址 / http: //www. bitpress. com. cn
经　　销 / 全国各地新华书店
印　　刷 / 雅迪云印（天津）科技有限公司
开　　本 / 710毫米 × 1000毫米　1 / 16
印　　张 / 9.5
字　　数 / 250千字
版　　次 / 2024年4月第1版　2024年4月第1次印刷
定　　价 / 38.00元

责任编辑 / 李慧智
文案编辑 / 李慧智
责任校对 / 王雅静
责任印制 / 王美丽